U0150865

去太空
探索月球的故事

焦维新　著

彭程远　绘

广西科学技术出版社

遥望月球

随着夜幕降临，一轮圆月从东方缓缓升起。爷爷拿出照相机，准备拍几张月球的照片。朵朵和珠珠蹦蹦跳跳地跟在后面，开起了诗词大会。

月球是地球唯一的一颗天然卫星。所谓卫星，就是绕着地球这样的行星旋转的天体。月球本身不发光，但由于它个头比较大，距离地球又近，所以仅凭反射的太阳光，就相当明亮了。我们平时都叫它月亮。

我们用肉眼就能看出，月球表面有明有暗。古人认为那些暗淡的区域是月球上的海洋，称之为月海，而其他地方就叫月陆。但事实上月球只有"陆地"，月海只是月球表面反射光的本领比较差的地方。

明月几时有？把酒问青天。

床前明月光，疑是地上霜！

月球小档案

直径：略大于地球的 1/4
质量：约为地球的 1/81
引力：约为地球的 1/6
气压：微乎其微
表面温度：−183℃～127℃
颜色：灰色
自转周期：约 27.3 天
公转周期：约 27.3 天

将神话变为现实

自古以来，人们就对月球充满好奇，赋予了它无数诗意和浪漫的想象：嫦娥奔月、玉兔捣药、吴刚伐桂……千年以前，这些只是故事；千年之后，却成了现实！现在已经有 5 位"嫦娥"拜访过月球，在上面留下了 2 只"玉兔"，它们就是我国的月球探测器。

不愿转身的月球

如果我们每天观察，就会发现月球总是向我们展示同一张脸。可月球不是在转动吗？这其实是因为月球公转一圈正好与它自转一圈的时间相同，每当它绕地球向前运转一个角度，自身就转动相同的角度，因此我们在地球上永远看不见它的背面。

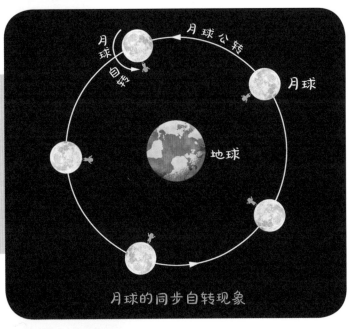

月球的同步自转现象

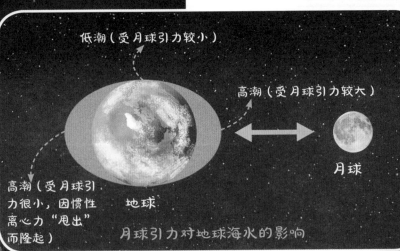

月球引力对地球海水的影响

潮汐效应

月球"不转身"的情况是地球对月球的引力长期作用的结果。反过来，月球的引力也影响着地球：它引起地球相对两侧的海面上升，使大海产生潮起潮落的现象；并且让地球的自转速度减缓，这种变缓对人类是有好处的，它可以减少地震和火山活动。

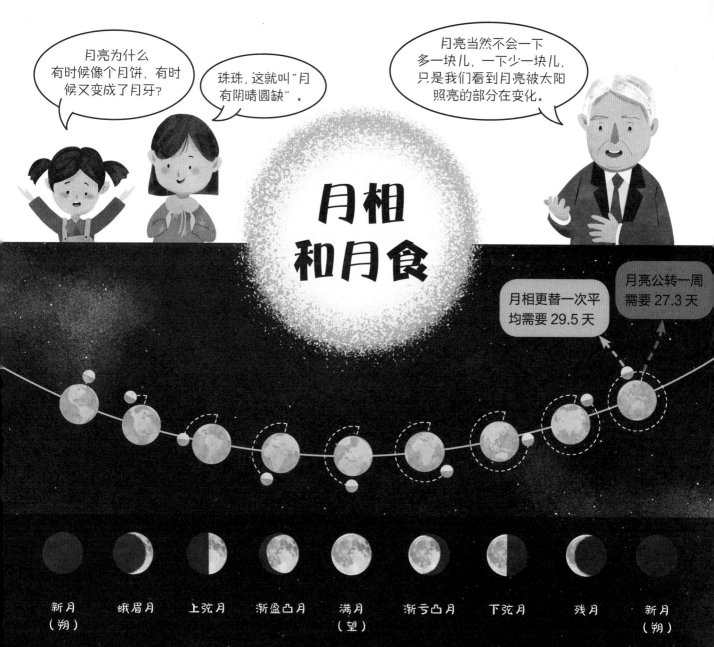

月相

　　我们每个月看到月亮变化的各种形象就叫月相。月亮被太阳照射时，半个球面是亮的，半个球面是黑暗的。又由于它在不断绕着地球公转，时刻改变自己的位置，所以它正对着地球的一面被照亮的部分不停地变化，就产生了阴晴圆缺。

阴历

　　古代人根据月亮的圆缺变化制定了阴历：完全见不到月亮的一天称为"朔日"，定为阴历的每月初一；月亮最圆的一天称为"望日"，一般是阴历的每月十五或十六。因此月相的一次更替周期称为一个朔望月，平均为 29.5 天。

月食

满月的时候，虽然月亮在地球的后方，但仍然能照到阳光，这是因为此时月亮并不在地球绕太阳公转的平面上。只有日、地、月三者刚好能连成一条直线时，月球才会被地球的影子挡住，产生月食。世界上最早对月食的记录是《诗经》中的"彼月而食，则维其常"，这句话说明了月食并不罕见。

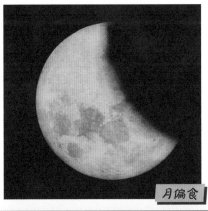

月偏食

天狗吃月亮

当月亮的一部分进入地球本影——地球阴影的最暗处时，就会发生月偏食。月偏食很好观测，此时月亮的一部分明显地变暗。古人不了解这个原理，还以为是天狗把月亮啃了一口。

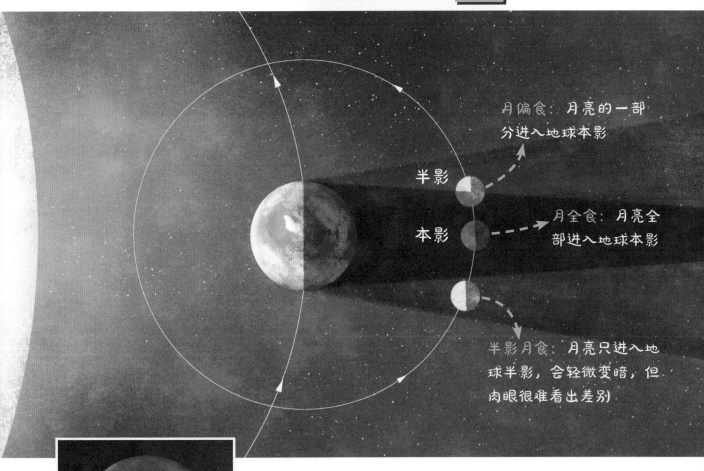

半影

本影

月偏食：月亮的一部分进入地球本影

月全食：月亮全部进入地球本影

半影月食：月亮只进入地球半影，会轻微变暗，但肉眼很难看出差别

月全食

红月亮

在月全食期间，地球挡住了太阳直接照射到月亮的光线，但地球大气层会把一些光折射到月亮上。大气层过滤掉了大部分波长短的光，所以折射到月亮上的光主要是波长长的红橙光。

月球的正面和背面

朵朵看着爷爷拍的月球照片说："月球表面看得还挺清楚呢，不过我们看不见的月球背面长什么样？"

爷爷找出了月球探测器拍摄的图片："瞧，月球背面和正面长得一点也不像。正面比较平滑，月海连成一片；背面则崎岖不平、高山林立，还布满了陨石坑。"

月球正面

月球正面的月海和月陆面积大致相当。月海是低洼的平原，这些地方曾经可能是陨石撞击形成的盆地，后来被喷发的岩浆填平了，岩浆凝固形成月海玄武岩，正是它们使月海呈现深色。月陆则是更为古老的高地。

风暴洋是最大的月海，南北跨度约 2500 千米，占月球总面积约 10.5%，和半个中国差不多大。这里既无风暴，也无汪洋，有的只是寂静而广阔的平原。

虹湾

雨海

澄海

危海

风暴洋

哥白尼陨石坑

静海

丰富海

酒海

云海

湿海

第谷陨石坑

虹湾

月海伸向月陆的部分被称为"湾"或"沼"。雨海西北侧的虹湾因边界像雨后弯弯的彩虹而得名，它是我国嫦娥三号着陆器和玉兔号月球车的着陆点。

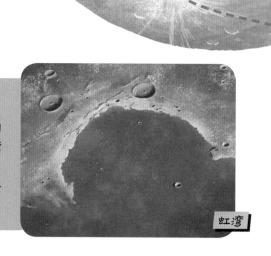

虹湾

第谷陨石坑是月球正面最醒目的陨石坑，它的周围有长长的、明亮的辐射纹。

天哪，原来月球的背面长这样，难怪它不好意思转过来呢。

月球上的陨石坑基本是用科学家的名字命名的，其中有不少中国的科学家。

蔡伦陨石坑

莫斯科海

张衡陨石坑

祖冲之陨石坑

杰克逊陨石坑

郭守敬陨石坑

万户陨石坑

克鲁克斯陨石坑

南极－艾特肯盆地

冯·卡门陨石坑

月球的背面

月球背面以月陆为主，地形高低起伏很大，最高和最低点的落差近2万米。这一面坑坑洼洼的，简直难以找到一块平地，这些坑基本是陨石撞击留下的痕迹。大的陨石坑周围通常有高高的环形山脉，所以又被称为环形山。

南极－艾特肯盆地是月球上最大、最深、最古老的陨石撞击盆地，它最深的地方可以装下两座喜马拉雅山！这个盆地包含了无数个比它年轻的陨石坑。

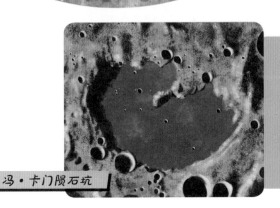

冯·卡门陨石坑

冯·卡门陨石坑

冯·卡门陨石坑位于南极－艾特肯盆地中，我国的嫦娥四号着陆器和玉兔二号月球车就着陆在这里。陨石坑的名字取自著名的航天工程专家冯·卡门，他是中国"航天之父"钱学森的导师。

陨石坑的奥秘

珠珠开始给爷爷出题了："月球上究竟有多少陨石坑？"

这可难不倒爷爷："直径在 1 千米左右的陨石坑有 33000 多个，而直径大于 1 米的陨石坑总数高达 3 万亿个。"

珠珠掰着手指头数了数："好家伙，有 12 个零呢，真是个天文数字！为什么会有那么多呀？"

"因为月球没有大气层保护，很小的天体都能在它上面留下痕迹，"爷爷解释道，"而且月球不刮风不下雨，长期以来缺乏地质活动，没有什么能使陨石坑发生改变。"

> 陨石坑是天体表面年龄的估算器，一般来说，一个地方陨石坑越多，就说明它越古老。月陆比月海形成得更早，所以陨石坑更多。

考古博物馆

月球陨石坑就像一扇扇穿越时间的窗户，通过研究月球上不同时期产生的陨石坑的数量，就可以研究太阳系早期演化的历史。在太阳系形成的初期，地球、月球和太阳系的其他岩石行星曾普遍遭到小行星的狂轰滥炸。但是地球上的风霜雨雪、水流的侵蚀和活跃的地质活动几乎完全抹去了早期碰撞的痕迹，如果没有月球，这项研究根本无法开展。

中央峰

一些较大的陨石坑中央有隆起的山峰，称为中央峰，这是撞击后坑底岩石回弹形成的。

简单陨石坑

如果陨石比较小，撞击后就会形成最简单的陨石坑，就像一个碗。

陨石坑的形成过程

1 陨石高速撞击地面，发生像爆炸一样的过程，产生高温和冲击波。

2 陨石和地表物质瞬间熔化或气化，大量物质被高速抛射出去。

3 气化的陨石、地表岩石会形成巨大的蘑菇云。

4 最后，陨石坑形成。通常来说，一颗陨石能砸出比自己大 20 倍左右的坑。

惊天动地的撞击

约 6500 万年前，一颗像小城市一样大的小行星撞进了地球的墨西哥湾，留下了希克苏鲁伯陨石坑，撞击的威力相当于几百万亿吨 TNT 炸药爆炸，足以引发全球性的地震和火山爆发。科学家认为，正是这次灾难导致了恐龙灭绝。

辐射纹

辐射纹是陨石撞击后，被抛出的岩石粉末落回月面上形成的，它们反射阳光的能力比较强。拥有辐射纹的陨石坑通常被认为是每颗星球上最年轻的一类陨石坑，因为它们形成时溅射出的新鲜物质还没有完全被岁月抹去。

飞向月球

"人类是从什么时候开始探测月球的呢？"
朵朵对探月的历史还挺感兴趣的。

"那是上个世纪中叶，美国和苏联竞相发射月球探测器，经过 7 次失败后，苏联最先成功了。"爷爷说，"到现在，月球已经接待过来自中国、美国、苏联、欧洲空间局、日本和印度的访客了，不过发射探测器最多的还是苏联。苏联的 24 个月球号月球探测器创下了很多世界纪录。"

月球 9 号

第一次靠近

1959 年 1 月，苏联成功发射了第一个月球探测器——月球 1 号。它原本被设计为撞向月球，但一个程序出了问题，最终在距月球 5995 千米处与月球擦肩而过，脱离地球引力，成了第一颗绕太阳运行的"人造行星"。

探测方式：飞越

第一次
看到月球的后背

1959 年 10 月，月球 3 号缓慢地飞过月球背面。此时，太阳恰好在它后面，照亮了背对地球一侧的月面，它拍摄了很多照片并传回地球，为人们第一次揭开了月球背面的神秘面纱。

探测方式：飞越

第一次
亲密接触

1959 年 9 月，月球 2 号发射了。它长得和月球 1 号差不多，这回它成功命中目标，一头撞到了月面上，成为第一位月球访客。

探测方式：硬着陆

月球 1 号

第一位
登月大使

1966年2月，月球9号成为第一个在月球安全着陆的探测器。月球9号从月球表面发回了9张图像。它证明了月面是坚固的，人类完全可以降落在月球上。

探测方式：软着陆

第一个环绕月球
飞行的月球10号

探测方式：环绕

月球3号

第一次
带回月球"礼物"

1970年9月，月球16号在月球着陆后，用钻头钻到月表下35毫米的深度，取出100多克岩石样品，由返回舱将样品带回地球。

探测方式：取样返回

月球16号

受重量和观测条件的限制，月球探测器带的仪器都比较简单。把样品带回来，用高级的仪器进行详细分析，才可以获得更多科学成果。

为什么要"取样返回"呢？

第一次
在月球上开车

1970年11月，月球17号携带的世界上第一辆自动月球车成功抵达月球，在月球上运行了10个多月。它总共移动了10多千米，传输了2万多幅电视图像和206幅高分辨率的全景图，用光谱仪进行了25次土壤分析，并使用穿透仪在500多个地点测试了土壤特性。

探测方式：巡视勘探

月球车1号

载人登月

珠珠问："那阿波罗登月又是怎么回事呢？"

"那是美国的载人登月计划，和不载人的月球探测器不一样。"朵朵俨然一副专家的模样。

"是的。说来有意思，美国研究载人登月，其实是为了和苏联开展太空竞赛。苏联在无人探月上赢了，因此美国决心要在载人登月上争第一。"爷爷给两个孙女介绍了阿波罗计划的背景。

阿波罗 11 号开创历史

载人登月不是一件简单的事情，在尝试载人登月之前，美国也发射了许多月球探测器，并进行了近地轨道的载人飞行、绕月轨道载人飞行等。阿波罗 11 号是阿波罗计划中的第 5 次载人任务，第 1 次登月任务。

1969 年 7 月，阿波罗 11 号宇宙飞船由土星 5 号火箭运载发射，成功将 3 名航天员送到环绕月球的轨道，2 名航天员乘登月舱到达了月球表面。登月过程经电视台向全世界直播，阿姆斯特朗迈出了在月球上的第一步，并留下了这句名言："这是个人的一小步，人类的一大步。"

阿波罗计划的成果

阿波罗计划共有 6 艘载人飞船成功登月，将 12 名航天员送上了月球，他们带回了 382 千克月壤和岩石。航天员在月球上设置了月震仪，监测了 1 万多次月震活动，帮助我们更好地了解月球内部结构。他们还在月面上放置了激光反射器，这使科学家能准确地测量地球与月球的距离。

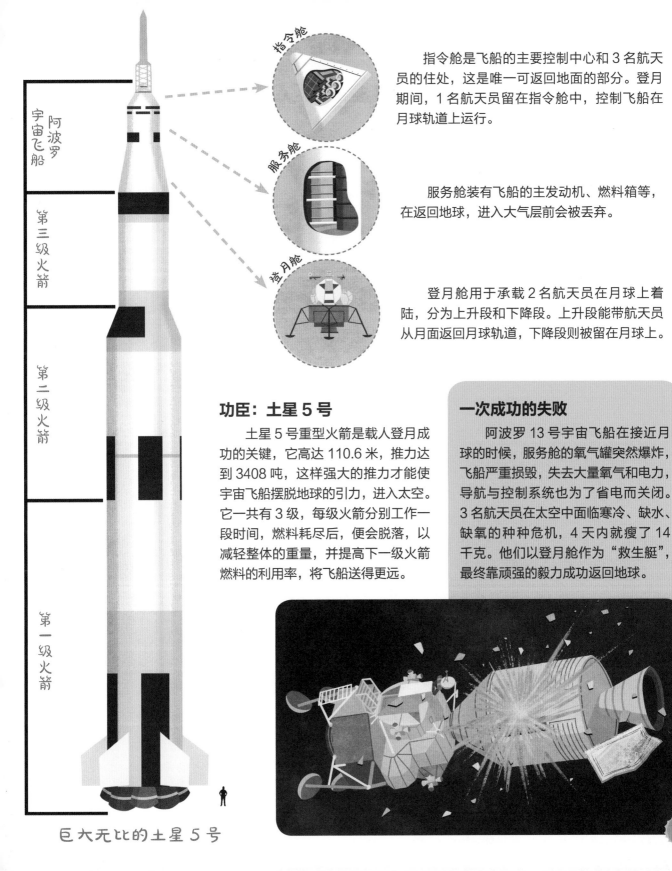

指令舱

指令舱是飞船的主要控制中心和 3 名航天员的住处，这是唯一可返回地面的部分。登月期间，1 名航天员留在指令舱中，控制飞船在月球轨道上运行。

服务舱

服务舱装有飞船的主发动机、燃料箱等，在返回地球，进入大气层前会被丢弃。

登月舱

登月舱用于承载 2 名航天员在月球上着陆，分为上升段和下降段。上升段能带航天员从月面返回月球轨道，下降段则被留在月球上。

阿波罗宇宙飞船

第三级火箭

第二级火箭

第一级火箭

功臣：土星 5 号

土星 5 号重型火箭是载人登月成功的关键，它高达 110.6 米，推力达到 3408 吨，这样强大的推力才能使宇宙飞船摆脱地球的引力，进入太空。它一共有 3 级，每级火箭分别工作一段时间，燃料耗尽后，便会脱落，以减轻整体的重量，并提高下一级火箭燃料的利用率，将飞船送得更远。

一次成功的失败

阿波罗 13 号宇宙飞船在接近月球的时候，服务舱的氧气罐突然爆炸，飞船严重损毁，失去大量氧气和电力，导航与控制系统也为了省电而关闭。3 名航天员在太空中面临寒冷、缺水、缺氧的种种危机，4 天内就瘦了 14千克。他们以登月舱作为"救生艇"，最终靠顽强的毅力成功返回地球。

巨大无比的土星 5 号

月球上有水吗？

"听说阿波罗号带回的月球岩石样品中检测出了水，这是真的吗？"朵朵问。

"很好，没想到你还关注到了这个。"爷爷夸奖道，"但这个发现没有得到科学界的认可，因为这些样品在运输、处理过程中没有确保密封，很可能掺杂进了地球大气的水蒸气。在月球上，水是很难存在的，不过也有例外。"

水在哪里？

月球几乎没有大气层，处于真空的环境中，在这种情况下，液态水是不可能存在的：它要么直接冻成冰，要么就直接变成水蒸气并逃逸到太空。那么月球哪里最有可能存在水冰呢？当然是最寒冷、光照最少的极区。

月球极区的许多陨石坑底是永久阴影区，数十亿年来没有享受过一丝光照，比遥远的冥王星还冷，因此它们能够保存丰富的水冰资源。月球诞生后不久，它们便充当了"寒冷陷阱"，困住了这里的水冰。

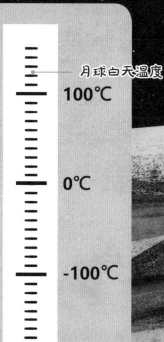

- 月球白天温度 100℃
- 0℃
- -100℃
- 月球夜晚温度 -200℃
- 永久阴影区温度

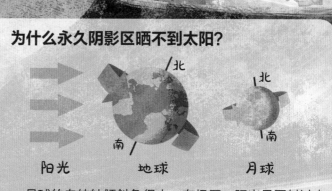

为什么永久阴影区晒不到太阳？

阳光　地球　月球

月球的自转轴倾斜角很小。在极区，阳光是平射过来的，因此照不到幽深的陨石坑里面。

找水的历程

过去，美国发射的克莱门汀和月球勘探者探测器发现了月球极区存在水冰的证据，但这些证据没有得到科学家的普遍认可。

2008 年，印度发射月船 1 号探测器，上面搭载的 NASA 月球矿物绘图仪 M3 在月球极区探测到了某种形式的水。

2009 年，美国发射了月球陨石坑观测与遥感卫星，运载卫星的半人马座火箭和卫星先后撞击月球南极的凯布斯陨石坑，成功撞出了含有水蒸气的羽流，证明了水冰的存在。

2018 年，科学家重新分析 M3 的数据，确认在月球南北极区的永久阴影区中存在多处暴露在地表的水冰，南极地区的水冰更多。

如何利用水？

月球上究竟有多少水，含量能否支撑人类在那里生存仍然是未知数。即使水冰数量足够多，如何把它们从 −200 ℃以下、几千米深、伸手不见五指的深坑中取出来，在工程技术上也是道超乎想象的难题。

主要来自撞击月球的彗星或小行星，这些小天体很多都富含水冰。此外，太阳风中的氢原子与月球土壤中的氧原子结合之后也会形成水。

月球上的水是从哪里来的？

嫦娥探月

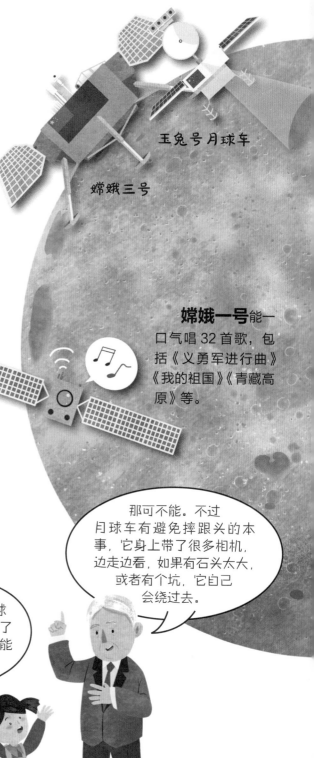

比起其他国家探索月球的历史，珠珠显然更想听听中国的探月故事。她问："爷爷，为什么我们国家把探月叫作嫦娥工程呀？"

爷爷笑着说："这个问题问得好。给重大工程起一个有影响力的、具有神话背景的名字，可以说是国际惯例，阿波罗计划也是这样。嫦娥奔月的故事，大家都知道，这样起名不仅形象，还能引起大众对航天事业的关注，是不是一举两得？"

珠珠点点头："嗯！这比月球 1 号好听！"

嫦娥工程是我国的第一个探月工程，于 2004 年正式开展，分为"绕、落、回"三个步骤：嫦娥一号和二号通过环绕月球，拍摄全球的图像，为后续任务提供数据；嫦娥三号、四号带着月球车软着陆在月球表面，对月表进行高分辨率摄影，调查月表形貌、构造和物质成分；而嫦娥五号则负责取样返回。

玉兔号月球车

嫦娥三号

嫦娥一号能一口气唱 32 首歌，包括《义勇军进行曲》《我的祖国》《青藏高原》等。

玉兔号和玉兔二号月球车在月球上行驶时，1 分钟能移动约 3 米

爷爷，如果月球车在月球上摔了个跟头，自己能不能爬起来呀？

那可不能。不过月球车有避免摔跟头的本事，它身上带了很多相机，边走边看，如果有石头太大，或者有个坑，它自己会绕过去。

鹊桥号中继卫星

在月球背面无法与地球直接通信，因此我国专门发射了**鹊桥号**通信中继卫星，为嫦娥四号与地球牵线搭桥。它围绕着地月系统的第二拉格朗日点运行。

拉格朗日点环绕轨道

拉格朗日点是在两大天体引力作用下，小物体能够稳定停留的位点，共有5个。在这些位置附近，卫星只需要消耗很少燃料，就能保持位置跟着两个天体一起运动。可以说，拉格朗日点就像是太空中的"停车位"！

● 拉格朗日点

嫦娥三号着陆器和**玉兔号**月球车是自1976年月球24号着陆后首次在月球软着陆的探测器，它们的着陆点周边区域被命名为"广寒宫"。玉兔号首次携带了测月雷达，获得了许多月球结构的数据。

玉兔二号月球车

嫦娥四号

嫦娥二号在环绕月球数月后，飞往日地拉格朗日点监测太阳活动，之后又飞向有撞击地球危险的小行星图塔蒂斯进行探测。

在玉兔二号开始探险前，嫦娥四号着陆器与它互相拍照留念

嫦娥四号着陆器和**玉兔二号**月球车实现了人类历史上首次月球背面软着陆和巡视勘察。它们着陆的冯·卡门陨石坑十分古老，约有40亿岁，含有丰富的各类物质。科学家希望通过它们的探测了解月球的历史和深层秘密。

从月球带回土特产

2020年12月17日，嫦娥五号成功返回地球，带回了1.731千克的月壤，其中有100克收藏进了博物馆。这100克月壤样品一亮相，朵朵就迫不及待地拉着珠珠和爷爷去参观了。

"这次的月壤和以前美国、苏联带回的月壤有什么区别吗？"朵朵一边拍照一边问。

爷爷解释道："以前采回的月壤样品的年龄都在30亿岁、40亿岁左右，而嫦娥五号特意选择在一个年龄为10亿—20亿岁的地点采样，可以带给我们不一样的信息。"

"但也有相同点，"珠珠得意地说，"我知道它们都不能种菜！"

"过五关斩六将"的嫦娥五号

嫦娥五号执行了我国第一次地外天体采样返回任务，它着陆在风暴洋东北角，这也是人类探测器初次踏足这一区域。它完美地闯过多个难关，完成了我国航天史上的4个首次：首次在月球表面自动采样，首次从月面起飞，首次在38万千米以外的月球轨道上进行无人交会对接，首次带月壤以接近第二宇宙速度返回地球。从此，我国成为第三个成功取回月壤的国家。

上升器
着陆器
返回器
轨道器

嫦娥五号

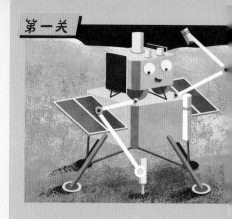

第一关

第二关

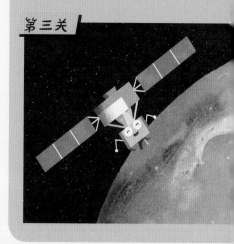

第三关

月壤为什么不能用来种菜？

月壤和地球上的土壤完全不同，更确切地说，它应该叫表岩屑，是月表岩石在长年累月的撞击下形成的。月球上没有液态水也没有生物，因此月壤极度干燥，也没有可供蔬菜生长的腐殖质。

自动采样

嫦娥五号着陆器的机械臂上有两种不同的工具："钻头"和"铲子"。这样它既可以钻取月球表面以下 2 米的样品，也可以收集表面的月壤。

从月面起飞

月壤样品被送入上升器中封装，之后上升器要靠自己完成点火升空。为了确保它顺利起飞，嫦娥五号的研制团队进行了大量的试验。

无人对接

上升器与围绕月球飞行的轨道器对接并转移样品，由返回器把样品带回地球。将升空和返回分开，其实也是为未来的载人登月返回进行技术验证。

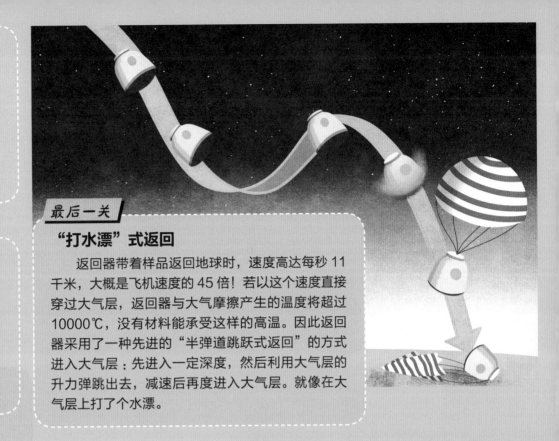

最后一关

"打水漂"式返回

返回器带着样品返回地球时，速度高达每秒 11 千米，大概是飞机速度的 45 倍！若以这个速度直接穿过大气层，返回器与大气摩擦产生的温度将超过 10000℃，没有材料能承受这样的高温。因此返回器采用了一种先进的"半弹道跳跃式返回"的方式进入大气层：先进入一定深度，然后利用大气层的升力弹跳出去，减速后再度进入大气层。就像在大气层上打了个水漂。

它的造型借鉴了国家博物馆的藏品"尊"的造型，很有中国特色吧！

这个装月壤的容器好特别！

降落伞

嫦娥五号返回器

长征五号火箭模型

100 克月壤样品

在月球上挖矿

看了月壤，珠珠又发表高见了："我感觉月壤也没什么特别的呀，不就是一些土吗，为什么谁都要挖，还挖得这么不容易？"

"珠珠，月壤的研究价值可是无法估量的。"爷爷敲了敲珠珠的额头，跟她耐心讲解道，"我们采集的月壤以及月球岩石中蕴藏着月球地质演化和太阳活动的秘密，还含有很多珍贵的矿藏，比如氦-3。虽然在未来50年内我们可能还谈不上对月球资源的利用，但做这些研究是绝对有必要的。从了解月球有什么资源，到确切了解它的储量，再到判断它有没有可开采性，本身就需要几代人的长期工作。"

月壤

月壤本身就是一种珍贵的资源，其中存在天然的铁、金、银、铅等矿物颗粒，还含有很多火山爆发或陨石撞击产生的天然玻璃。科学家已经在研究如何利用3D打印技术将月壤制成高强度建筑材料，来构建未来的月球基地。

珍贵的氦-3资源

由于没有磁场和大气层阻挡，月壤中含有大量通过太阳风吹来的氦-3元素。氦-3是一种理想的可控核聚变燃料，一旦人类掌握了可控核聚变技术，就可以用它来发电。根据采集的月壤和月岩样品估计，月球上的氦-3资源可能有100万吨以上，而100吨氦-3便能满足全世界一年的能源需求。

充满"氧气"

人类生存必需的氧是月球表面含量最丰富的元素，在月壤中的含量约为40%。如果从月壤和岩石中提取出氧气，就可以供航天员在月球上长期生活，还可以用于制造火箭燃料。

稀土矿

月海岩石中富含稀土金属元素，顾名思义，这是地球上相对稀缺的元素。它们在电脑、手机、充电电池等各种电子设备中是必不可少的，因此它们在我们的日常生活中变得越来越重要。地球上大部分已知的稀土矿资源在中国。

钛铁矿

月海玄武岩是巨大的钛铁矿储存库。钛铁矿不仅是生产金属铁、钛的原料，还是生产水和火箭燃料——液氧的主要原料。

在月球南极建立基地

朵朵问："如果未来真的要在月球建立基地，会建在哪里呢？"

"这还真的在计划中呢！"爷爷说，"月球南极是一个很好的选择，因为那里不仅有藏在阴影中的水冰，还有近乎永远明亮的永昼峰。我国就要进一步考察月球南极，未来有可能在那里建立国际月球科研站。"

"哇，什么时候能去月球呀，我好想体验一下一蹦3米高的感觉！""我都等不及在月球上留下我自己的脚印了！"朵朵和珠珠开心地畅想着。

"这么有志气啊，那未来探索月球的故事就交给你们来书写啰！"爷爷笑盈盈地说。

明与暗

月球南极地区的海拔高度差异可达16千米。许多陨石坑底部是永久阴影区，而一些陨石坑的边沿则是永昼峰。这些数百米高的山脊像永恒黑暗的海洋中的一座座小岛，80%以上的时间可以被阳光照亮，月球基地可以建立在这里。

永昼峰

永久阴影区

月球南极的沙克尔顿陨石坑

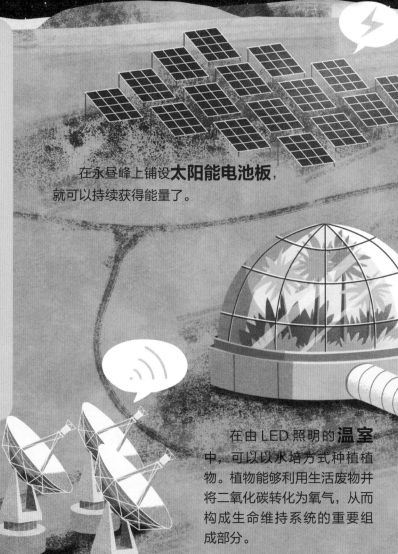

在永昼峰上铺设**太阳能电池板**，就可以持续获得能量了。

月球上很适合建设**天文台**，因为这里没有大气层，可以避免大气层对电磁波的干扰。如果天文台建在月球背面，还可以避免来自地球的各种无线电干扰。

在由 LED 照明的**温室**中，可以以水培方式种植植物。植物能够利用生活废物并将二氧化碳转化为氧气，从而构成生命维持系统的重要组成部分。

科学家设想在陨石坑边缘安放多个**反射镜**，通过反射阳光来照射黑暗的坑底，将水冰转化为水蒸气然后收集。

可以利用月壤和月岩作为建筑材料搭建**基地**，屏蔽有害的太空辐射。也可以将房屋建在洞穴中或地下。

南极探测计划

中国计划发射的嫦娥六号、七号和八号目标都是月球的南极。嫦娥六号计划在月球南极取样返回；嫦娥七号将在月球南极对月球进行综合科学探测；而嫦娥八号除了进行科学探测，还要进行一些关键技术的月面试验，为以后建设国际月球科研站"探路"！

23

图书在版编目（CIP）数据

探索月球的故事 / 焦维新著；彭程远绘. 一南宁：广西科学技术出版社，2021.6（2024.7重印）
（去太空）
ISBN 978-7-5551-1617-2

Ⅰ.①探… Ⅱ.①焦… ②彭… Ⅲ.①月球—儿童读物 Ⅳ.①P184-49

中国版本图书馆CIP数据核字（2021）第120555号

TANSUO YUEQIU DE GUSHI
探索月球的故事

焦维新　著　　彭程远　绘

策划编辑：蒋　伟　王艳明　邓　颖	责任编辑：蒋　伟　王艳明
书籍装帧：于　是	责任印制：高定军

出 版 人：岑　刚	出版发行：广西科学技术出版社
社　　址：广西南宁市东葛路66号	邮政编码：530023
电　　话：010-65136068-800（北京）	
传　　真：0771-5878485（南宁）	
印　　刷：雅迪云印（天津）科技有限公司	
地　　址：天津市宁河区现代产业区健捷路5号	
开　　本：850mm×1000mm　1/16	
印　　张：4.5（全3册）	
版　　次：2021年6月第1版	字　　数：50千字（全3册）
书　　号：ISBN 978-7-5551-1617-2	印　　次：2024年7月第2次印刷
定　　价：60.00元（全3册）	

作者介绍

焦维新，北京大学地球与空间科学学院教授，中国空间科学学会空间探测专业委员会副主任，中国宇航学会返回与再入专业委员会委员，中国气象学会卫星气象与空间天气学专业委员会委员，中国科普作家协会会员，中国科学院老科学家科普演讲团成员。曾在美国加州大学洛杉矶分校做访问学者，曾任北京大学地球物理学系副主任。

长期从事空间科学与技术方面的教学与研究工作。出版了大学本科与研究生教材 4 部，科普书 20 余部。被北京大学学生评为"北京大学十佳教师"，被北京市教育工会授予"师德先进个人"和"首都教育先锋"荣誉称号。经常应邀到中央电视台和中央广播电台等新闻媒体参与关于太空问题的专家访谈节目。

在祝融号火星着陆以及神州十二号飞船与天和号核心舱对接期间，先后 5 次在中央电视台参与专家访谈节目，得到许多网友的热评。

扫一扫，成为我们的朋友

阳光秀美传媒
Sunshine Media

1-2 上架建议：少儿科普
ISBN 978-7-5551-1617-2

9 787555 116172 >

定价：60.00 元（全3册）

什么是角色？

角色是项目里任何可移动的角色或对象。角色可以通过角色库（Scratch Library）选择，使用绘图工具创建或从计算机上传。Scratch 就是角色的一个例子。

可以在此框中访问所有角色：

角色库

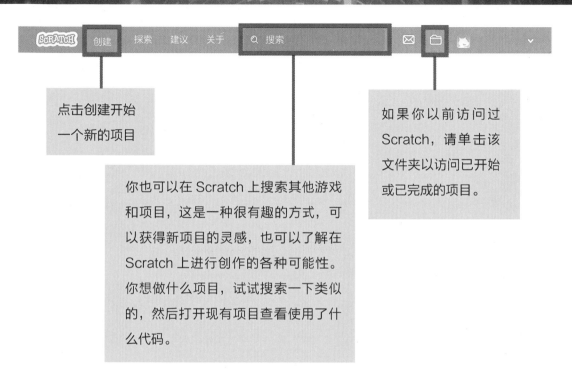

点击创建开始一个新的项目

你也可以在 Scratch 上搜索其他游戏和项目，这是一种很有趣的方式，可以获得新项目的灵感，也可以了解在 Scratch 上进行创作的各种可能性。你想做什么项目，试试搜索一下类似的，然后打开现有项目查看使用了什么代码。

如果你以前访问过 Scratch，请单击该文件夹以访问已开始或已完成的项目。

当点击"创建"，你的屏幕会显示以下画面：

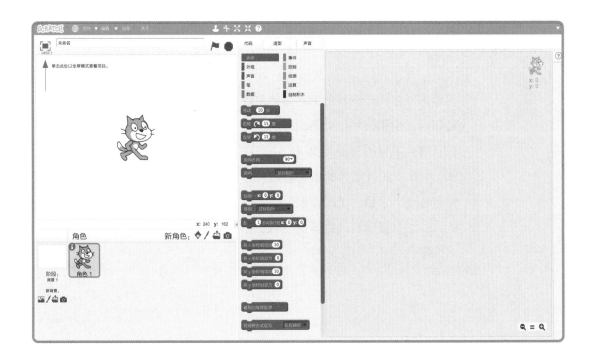

工 具

这些工具可以在屏幕顶部找到，它们有助于创建新项目。单击要使用的成蓝色，而鼠标就会变成这个工具。然后单击想要编辑的内容，完成复制、缩小。

图章——图章用于复制项目中的任何内容。要使用此工具，请单击变成图章，然后单击要复制的任何内容。你可以单击预置字符或一

剪刀——剪刀用于删除项目中的内容。

向外箭头——向外箭头用于放大字符。持续点击相应的字符，直到的大小。

向内箭头——向内箭头用于缩小字符。持续单击相应的字符，直到大小。

在这里命名你的项目

这个屏幕显示了项目完成后的样子，在这个区域，你可以把

角色放置在项目背景上你喜欢的任何一个位置。

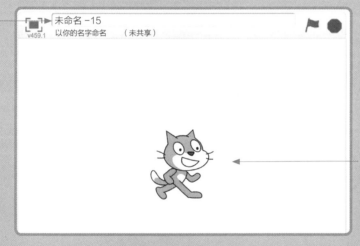

Scratch 猫将会自动出现在你启动的每个项目里，因为它是 Scratch 的形象代言人。如果你不想在项目中使用它，你可以选择其他任何你喜欢的角色。但是新项目启动时，Scratch 猫总会默认出现，和你一起开始新的创作。

角色库

 角色库——单击打开角色库，选择一个角色。所有的角色都是按照字母顺序排列好的。你可以任意选择，从恐龙角色到奶酪泡芙甚至是一架飞机都可以。

 画笔——单击画笔打开绘制工具，并创建自己的角色。

 文件夹——单击该文件夹，从计算机上传一个图像来创建角色。

 相机——单击相机，使用计算机拍照来创建角色。系统会弹出一个对话框，要求访问摄像头。按"允许"键让 Scratch 访问计算机的摄像头。

在这里命名你的角色

单击蓝色 ⓘ 打开角色的信息。

敞篷跑车

敞篷跑车 3

x:-20 y:-28　　　方向 -90°

旋转方式：

可以被拖动：

显示：☑

如果一个角色的图像是倒着的，可以在这里改变它的旋转方式。

当你选择了一个角色，你会在右上角看到三个选项卡，分别是：代码、造型和声音。

代码块是彩色编码的，查看该块的颜色就可以和其对应的类别匹配。

代码选项卡

代码选项卡为所有项目创建代码。单击代码选项卡时，可以访问创建项目所需的各种积木（注：原文是 Block, 指前文的模块，在 Scratch 中文网站译为积木，指可以像搭积木一样使用）。

运动：这些积木用于创建运动。使用这些积木，你可以让角色在屏幕上到处跑，或到一个特定的地方，或者转弯，以及完成其他动作。

外观：修改角色或项目的颜色，让它变大或缩小，替换背景，更换造型，当然不仅于此，你甚至可以编码让你的角色说话或思考特定的事情。[当用"说"这个积木时，角色头上会出现一个语音气泡，"说"和"想"两个积木会出现在这里，而不是在声音里。）

声音：把音量调大，此类代码的积木可以为角色或背景添加声音。

笔：这些积木可以在角色移动的位置绘制线条。（例如，如果角色一直移动，然后四次旋转 90 度，你就可以创建一个正方形。）笔的大小、颜色和阴影也可以在此编写程序。

数据：在这里可以创建要在项目中使用的变量。变量是个数值，在项目的整个过程中都是可以更改的。（例如，你可以使用一个变量来表示角色在游戏中的生命值。）

事件：这里有开始命令。所有代码都有一个启动命令。它会告诉程序需要何时启动。在你编写的任何代码里，这些积木都将是第一个被使用的。本书中最常用的启动命令是绿色小旗。

控制：这些积木控制特定事件发生的时间长短，以及一个事件是否会导致另一事件开始。这里有循环、等待命令、克隆积木和 if-then 条件语句。（例如，如果一个角色接触到某种颜色，那么它需要以特定的方式做出反应。）if-then 条件积木将是本书中使用最多的一个。

侦测：这些积木用于检测代码中的事件——像是接触到某个角色或颜色。它们通常与控制的

if-then 条件积木配对，例如，如果碰到了蓝色，那么角色就会跳三次。

运算：这些积木用于合并代码或给一组代码中的某个内容设置一个随机范围。它们总是与其他积木组合在一起使用。

自制积木：在一开始并不会看到这个类别中有任何的积木。你必须创建积木之后，这里才会有。当需要在命令中重复使用很长的代码时，创建一个自定义的块会很有帮助。

在 Scratch 中，代码积木像拼图块一样紧密地组合在一起。只需将这些积木拖到一起，就可以使它们相连。你创建的代码将按照积木的放置顺序运行。要把积木拆开时，请从底部向下拉动。如果要删除一个部分，这部分下面连接的所有积木仍将与它相连（注：你必须从底部开始，将每个积木拉出去）。若要丢弃不再需要的积木，就将它拖回最初选择的类别，然后放开鼠标。

右侧的代码从单击绿色旗子开始（这是开始启动命令）。接下来角色会说"你好"，用时 2 秒钟。2 秒钟过去后，角色会移动 10 步。

造型选项卡

你可以在这里编辑角色的行头。你也可以创建自己的角色，或者向现有角色添加新的造型。不同的造型可以使角色看起来更生动（注：有些角色，比如 Scratch 猫会默认自带多套造型）。多套造型是让你的角色有动画效果的关键。记住，虽然你可能有多种造型，但仍然只有一个角色！

你可以在这里命名你的造型。

当打开造型选项卡时，你将看到可用于自定义角色的工具。

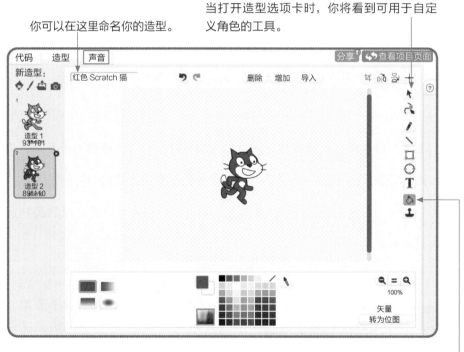

在这套造型中，我们使用填充工具把 Scratch 猫变成了红色，而不是它常用的橙色。

背景

就像角色一样，在 Scratch 中有很多方法可以设置你自己的背景。你可以选择、创建、上传或拍照。创建新背景的按钮可以在屏幕左下角找到——就在角色的下方。你将使用到四个按钮：

 景观——点击此图标打开背景库，就可以选择库中的背景了。

背景在背景库中按类别分类，并且按照字母顺序进行了排序。

画笔——点击此图标打开绘制工具，可以创建和命名自己的背景。

文件夹——点击此图标允许你从计算机上传图像来作为背景。

相机——点击此图标允许你用计算机拍照并将其用作背景。（注意：单击相机时，弹出框将请求访问摄像头。按"允许"键使用摄像头去拍照来创建背景。）

声音选项卡：

开始项目之后，你就可以给自己的创作添加声音了。要想向项目添加声音，首先要从声音库中选择声音，然后你可以通过编码将其添加到项目中。

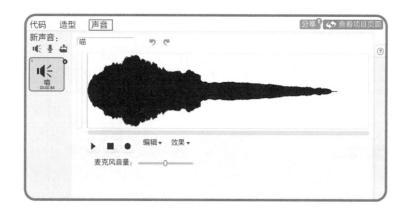

每个角色都有自己的声音。Scratch 猫的声音是"喵"，其他角色也会带有简单的声音，像是"砰"之类的。如果是使用图形设计工具导入或创建的角色，就不会附带任何声音了。要添加声音库中的声音，请单击扬声器图标。

声音库

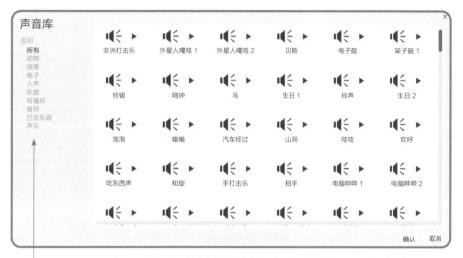

声音库

类别
所有
动物
效果
电子
人声
乐器
可循环
音符
打击乐器
声乐

非洲打击乐　外星人嘎吱1　外星人嘎吱2　贝斯　电子鼓　架子鼓1

铃钹　鸣钟　鸟　生日1　铃声　生日2

泡泡　嚓嚓　汽车经过　山洞　吱吱　欢呼

吃东西声　和旋　手打击乐　拍手　电脑哔哔1　电脑哔哔2

确认　取消

你可以很容易地在左侧的类别中搜索需要的声音。库中的声音是按字母顺序排列的，方便查找。

音乐项目

如何使用声音工具？

　　为创建的项目添加声音可以使其增色不少。虽然 Scratch 有无数的内置选项，但是创建和编辑自己的声音仍然是十分有趣的，甚至还可以上传！

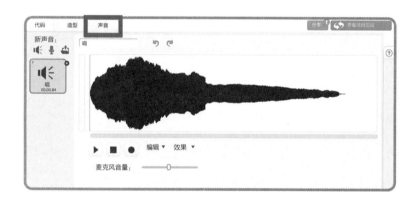

提示：

导入的角色，或者是用图画设计工具创建的角色，是没有附带声音的，因此需要给它们添加声音。

你的基础上一经创建，就可以添加声音了。上图是 Scratch 猫的声音选项卡，每个角色都有预先内置的声音。Scratch 猫的声音是"喵"。其他角色的出现通常伴随着简单的声音，像是"砰"的声音。选定一种声音，你可以在其右侧看到声音的时长。

最简单的给项目添加声音的方式是从声音库里选择一种。点击扬声器图标，进入声音库。

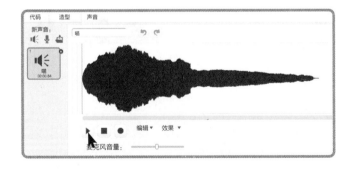

选择一个声音，点击它，然后点击播放图标，就可以试听。为项目选择这个声音，只要点击右下方的确认图标即可。

新声音：

麦克风

除了从声音库里选择之外，还有几种方式可以选择声音。点击麦克风图标，可以录制自己的声音。一个新声音（标记为：记录 1）会出现在你的声音列表里。

点击这个圆形图标开始录制。

第一次录制时，会看到以下信息：

点击同意会出现一个声音框。在录制时，圆形会变成红色，你会看见一条信息显示正在录制。点击正方形图标可以停止录制，之后屏幕上就会出现你录制的声音。

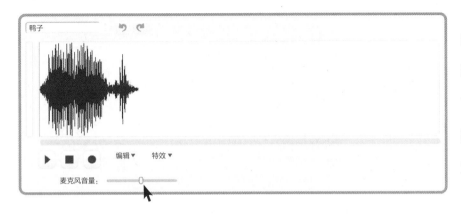

如果没有收集
到声音记录，
可以尝试调整
麦克风的音量
滑动条。

你还可以上传声音，但是要确认上传的文件是 MP3 或者 WAV 格式。虽然可以在网上找到许多声音，但不是所有的都能免费下载，www.soundbible.com 是个不错的网站哦。

麦克风	播放	许可
湿地	▶	归属 3.0
雷达探测哔哔声	▶	个人使用
矛抛出声音	▶	归属 3.0
手机铃声	▶	取样升级 1.0
大的伺服电机发动机	▶	归属 3.0
声音音效	播放	许可

你可以使用搜索条帮助自己找到想要的声音。开始搜索之后，一系列的声音就会出现。点击播放，可以进行试听。

找到了喜欢的声音之后，点击它的名字进行下载，然后点击标记为 MP3 格式的声音。

提示：

如果提示有错误信息，试试再上传一次，或者改变下载类型。比如，如果你试过了下载和上传一个 WAV 格式的文件，但是提示有错误信息，那就换 MP3 格式的文件试试。

新声音：

上传

下载声音完成之后，点击新声音面板的上传图标，一个可以获取电脑里文件的窗口会打开。打开下载部件，找到你下载的 MP3 文件，选择文件之后，点击屏幕底部的打开选项。

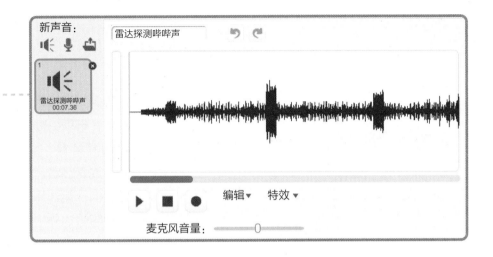

文件会被直接上传到 Scratch 的声音选项卡里。

现在你可以看到声音被上传到 Scratch 里了。下载的名称会自动显示，只要在名称框内点击并重新命名，就可以修改原有的名称。（注：务必在项目描述里标明声音的创建者。）

编辑和效果

Scratch 里的任何声音都可以使用编辑或音效工具加以改变。

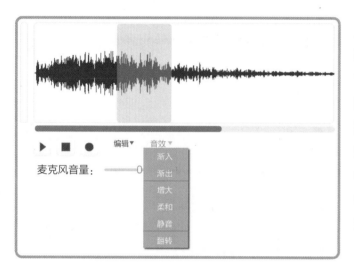

点击编辑和音效旁边的箭头，查看各个选项。你可以将这部分声音调高音量，或者让声音更柔和，或者静音。如果想要缩短一段声音，就选择除了你想要保留的那部分之外的其余部分，然后使用编辑菜单里的剪切选项，这样你想要的那部分就可以保留下来了。

提示：

如果出错了，就要用编辑菜单里的撤销或重做箭头将目前的操作取消，这些箭头就在声音名称的旁边。

彩虹钢琴

项目

创建一个钢琴，当每个琴键弹奏出音符的时候都会改变颜色。不论你是个钢琴家，还是仅仅随意按下琴键，都可以创造出一道声音的彩虹！

下面让我们开始吧！

第一步： 开始一个新项目，别忘了给自己的项目命名，然后删除 Scratch 猫。用新的背景工具栏里的笔刷，创建一个新背景，看上去应该是这样：

彩虹钢琴

 使用填充将背景填满你选择的纯色（注：深一些的颜色比较好，这样在弹奏时，彩虹钢琴的键盘就不会混淆）。

 使用文本工具输入"彩虹钢琴"这四个字，你可以在屏幕底部选择任何喜欢的字体。文本框的形状大小可以通过四周的一些圆点调节，拉伸文本框可以将字幕放大。

 使用填充改变彩虹字幕的颜色。

第二步：点击角色工具栏的笔刷图标，画一个新的角色。在开始画图之前，要确认你点击了底部右下方的"转换为矢量图"。

 使用正方形工具画一个黑色的矩形。

 使用填充工具将矩形填满白色。

 在左上角，给这套造型命名为"琴键"。

琴键

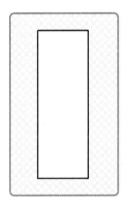

第三步：使用屏幕上方的复制工具，复制这套琴键造型。现在，你的这个角色应该有两套造型了。

使用填充工具选择一个颜色，然后将第二个琴键填满。

彩色琴键

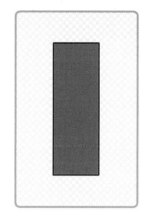

在左上角，给涂色之后的新造型命名。（给每一套造型命名是非常重要的，这可以使切换造型的编码编写起来更容易。）

位图模式 vs 矢量模式

在 Scratch 里有两种不同的绘画模式：位图和矢量。在位图模式下，更容易为背景和图形涂色，对简单的应用来说也更方便。但在位图模式下，你无法改变创建物的大小或形状。而在矢量模式下，虽然绘画工具跟位图模式下的相似，但你可以创建另一个形状，而且仍然可以后退到之前的形状并且移动它。在矢量模式下，你还可以改变创建物的形状。

第四步： 将下列代码添加到你的角色代码选项卡里。

使用箭头从下拉菜单里选择造型的名字。（注：如果你在之前的步骤里没有给造型命名，那么这些名字就无法匹配，所以一定要给自己的造型命名！）

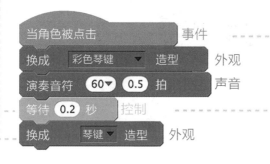

当单击角色的时候，这段代码就会被激活。

然后造型会切换为彩色琴键，一个音符演奏出来之后，会有0.2秒的等待时间，之后这套造型就会换回第一套造型。

如果你想要彩色琴键在屏幕上停留更长时间，只要增加等待时间就可以了。单击箭头，打开下拉式菜单，选择琴键角色的音符，然后用中音C（60）开启这个角色的音乐之旅吧。

第五步： 使用屏幕顶部的图章工具来复制角色（不是造型）十二次，完成之后，你就应该有十三个角色了。

图章

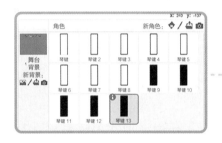

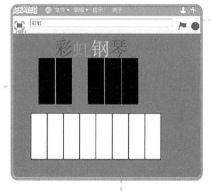

首先，将八个琴键排列到一排，然后再将五个琴键放到上方。

将五个黑琴键缩小并移动它们，然后完成你的钢琴布局！

使用缩小工具，然后单击角色，直到它们变成合适的大小。

缩小工具

到上方五个琴键的造型选项卡里，用填充工具把它们全部涂黑。

第六步： 在所有白色琴键角色的造型选项卡里，用填充工具改变彩色琴键造型的颜色，这是我们白色琴键的造型部分。

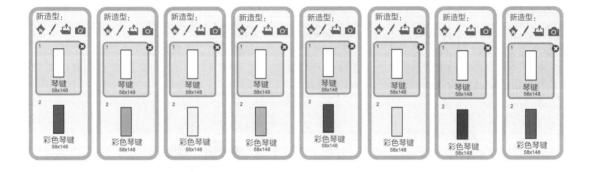

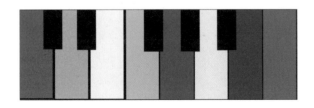

在这个项目里，我们给彩色琴键使用了彩虹色，当然，你也可以挑选自己喜欢的颜色。

第七步： 为了改变黑键的颜色，你需要打开每个角色的造型部分，并选择彩色琴键造型，然后使用填充工具。混合两种颜色可以创造一种更酷的效果哦！

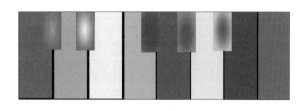

首先点击填充，选择你想要混合的两种颜色。

然后选择你喜欢的混色方式。
最后使用填充给琴键填色。

第八步： 因为复制了初始角色，所以你的每个琴键角色都有了复制的代码。现在，你需要改变每个角色演奏时的音符。

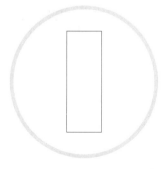

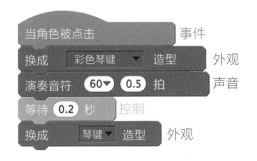

双击你要改变的琴键，然后打开代码选项卡，找到演奏音符积木。

打开声音积木的下拉菜单，选择匹配你的钢琴角色的音符。所有的琴键都要改变这个代码积木，这样你的钢琴才能演奏出正确的音符。

注：在演奏音符代码积木中，你只会用到键盘的最后十三个琴键。

第九步：调整黑键的编码，这样它们就可以待在白键上面了。想要调整黑键的编码，你只要添加一个叫"移到最前面"的外观积木即可。另外，你还需要在演奏音符积木里改变每个黑键的音符，这跟第八步里调整白键的做法完全一样。

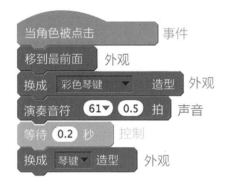

当角色被点击　　　　　事件

移到最前面　　外观

换成　彩色琴键 ▼　造型　外观

演奏音符　61▼　0.5　拍　声音

等待　0.2　秒　控制

换成　琴键▼　造型　外观

这段编码是将黑键放到白键的前面，按下黑键的时候，它的造型会变为彩色琴键，然后会演奏正确的音符，等一会儿，之后就会变回普通的琴键造型。

　　点击左上角的蓝色矩形，可以全屏观看你创建的项目。接下来演奏钢琴，欣赏琴键变换色彩的绚烂吧！在这里可以观看项目完成版：https://scratch.mit.edu/projects/173770364/

> **提示：**
> 如果钢琴琴键不能正确地变色，就到代码那里，重新选择它们应该切换的造型。

沙滩乐队

项目

点击不同的乐器，听沙滩乐队的演奏吧！想要一次听到所有的乐器演奏，就要点击"演奏所有乐器"这一按钮。

下面让我们开始吧！

第一步： 开始你的新项目，给它命名。删除 Scratch 猫，然后点击新背景工

具栏的山景图标，打开背景库，并给你的乐队选一个沙滩背景。

剪刀

新背景：

背景库

第二步： 打开角色库，给你的乐队选择乐器角色，然后重复这一步骤，直到选出你想要的所有乐器。之后再选择一个人物角色，这样就可以有人跟随音乐跳舞。

角色库里的角色是按照类别和字母顺序分类的。选择音乐类，缩小角色的搜索范围，这样就可以更方便地找到你需要的角色了。

主题

城堡
城市
舞蹈
装扮
飞翔
假日
音乐
太空
运动
水下
行走

角色库

凯瑟琳　　铙钹　　鼓　　钢琴　　萨克斯

第三步: 将所有的角色在背景上排列,如图所示。点击角色,可以拖动它们在屏幕上移动。(注:你可能需要缩小乐器,让它们的大小在屏幕上都合适。)

第四步: 给你的人物角色的代码部分里,添加以下代码,这样人物角色就可以活动了。打开角色信息框(点击小小的 ⓘ 打开),将旋转方式改为从右向左,这样角色就不会在动的时候完全变样。

角色自带跳舞的造型出场，这让编码动画变得轻松许多。你的角色需要做的，就是等待一小会儿，这样一来，动作就不会过快。总而言之就是动一动，等一等，然后换造型！

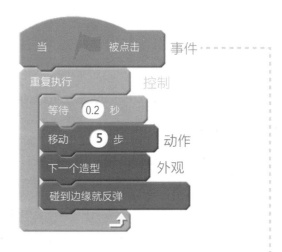

当点击绿色旗子的时候，这段代码就会启动。角色会一直动来动去和换造型（这样看上去才像在跳舞），然后在重复这一切操作之前会等一会儿。"碰到边缘就反弹"这一积木可以防止角色走到边缘的时候移出屏幕。

第五步：从角色库选择一个按钮角色。在造型选项卡里，使用文本工具给按钮添加文字：演奏所有乐器。然后将下列代码添加到按钮角色的代码选项卡里。

当角色被点击

广播　　演奏 ▼

事件 ----- 你要给播放广播创建一条新信息。

第六步：给钢琴角色添加下列代码。如果你想弹奏钢琴，那么就用专业的音乐；如果只是想要有点儿创意，那就随意一点儿，按照个人喜好将音符组合在一起。再不然的话，复制这里的代码便可。

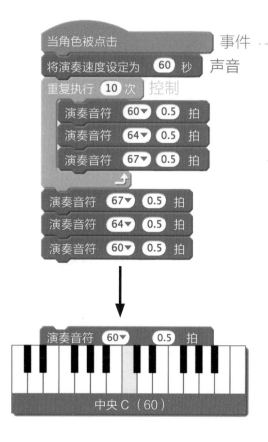

当角色被点击 —— 事件

将演奏速度设定为 60 秒 —— 声音

重复执行 10 次 控制

演奏音符 60▼ 0.5 拍

演奏音符 64▼ 0.5 拍

演奏音符 67▼ 0.5 拍

演奏音符 67▼ 0.5 拍

演奏音符 64▼ 0.5 拍

演奏音符 60▼ 0.5 拍

演奏音符 60▼ 0.5 拍

中央 C（60）

当你点击钢琴角色的时候，这段代码就会被激活。不过，当"演奏所有乐器"的按钮被按下的时候，你也要让钢琴加入演奏；还有"演奏"广播被接收的时候，钢琴也要同时被激活。

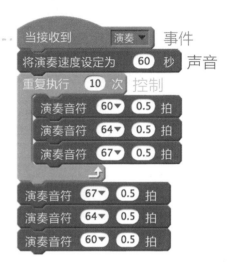

使用复制工具复制整个代码块，然后在副本上完成开始命令以下的所有代码。注意不要用原来的开始命令，要在开头添加一个"当接收到演奏"积木，这两个开始命令下面的代码都是完全一样的。

演奏音符积木的数字代表了音符的音高。音高是音符的音调高低，数字越大，音高越高。单击下拉菜单，打开键盘，选择合适的音符。

第七步： 将第六步的两个代码积木添加到萨克斯角色里，这里除了第一个声音积木不同，第一个代码积木跟钢琴的代码积木完全一样。注意别忘了在积木里将乐器改为萨克斯。

点击箭头，打开下拉菜单，选择乐器。

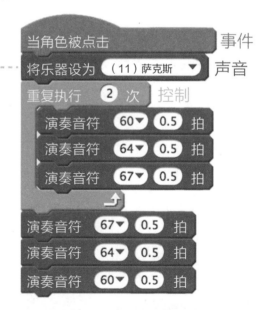

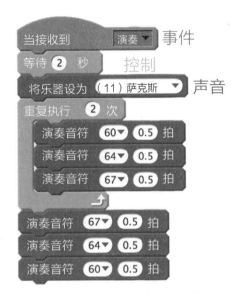

第二套代码也需要在声音响起前有一个"等待"的命令，当乐器合奏的时候，这个命令可以告诉乐器按顺序开始演奏。在"当接收到演奏"命令的下方，添加一个"等待"命令，约 2 秒的时间，然后将"将演奏速度设定为"积木的命名改为"将乐器设为"，同时别忘了将乐器改为萨克斯。

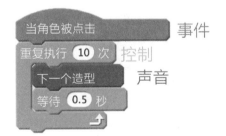

给萨克斯的代码增加两个新的积木。这两个积木除了起始命令之外是一样的，因此做起来很容易，可以先创建一个积木，然后用复制工具复制，替换第一个积木。新的积木可以告诉角色当它们被点击时，或是接收到演奏信息时，就要切换造型了。

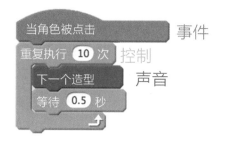

当角色被点击 —— 事件

重复执行 10 次 —— 控制

下一个造型 —— 声音

等待 0.5 秒

完成了第七步之后，在萨克斯里，一共有四个代码积木：两个有"演奏广播开始"命令，两个有"角色点击开始"命令。在同一个开始命令下运行两套代码，被称为平行处理。当需要两个事件在同一时间开始和运行的时候，平行处理就派上用场了。

提示：

你可以从钢琴角色里复制代码积木到萨克斯角色里，这样可以节省时间。只要用鼠标指针选择你想要复制的整个代码积木，然后拖着它悬停到萨克斯角色上面。松开鼠标，代码就会弹回到代码部分去，加载到萨克斯角色上。

第八步：给铙钹角色添加代码。因为铙钹自带另一套造型，所以你可以再次使用平行处理，让这个角色在被点击的时候可以同时完成演奏和切换造型两个动作。

使用复制工具复制开头的两个代码积木，然后从事件里将"当角色被点击"的起始命令换为"当接收到"的起始命令。在完成第八步后，你的铙钹角色就应该有四个代码积木了。

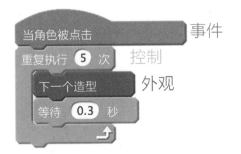

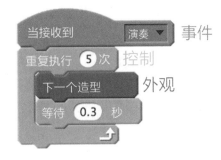

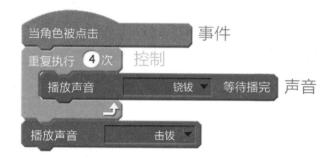

当角色被点击　　　　　　事件

重复执行 **4** 次　　控制

　　播放声音　　　铙钹 ▼　等待播完　声音

　　播放声音　　击钹 ▼

当接收到　　演奏 ▼　　事件

重复执行 **4** 次　　控制

　　播放声音　　　铙钹 ▼　等待播完　声音

　　播放声音　　击钹 ▼

在角色的声音选项卡里已经有铙钹角色的声音了，所以不需要再添加了。

第九步： 给一个鼓角色添加这段代码，然后使用复制工具复制代码。在副本里，将起始命令换为"当接收到演奏"，然后从控制里添加一个 1 秒的等待积木。

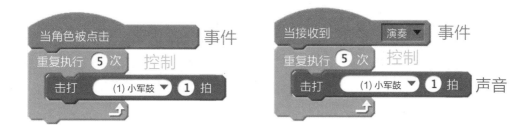

这些积木会告诉鼓角色演奏时选定的音符，你可以选择一些你喜欢的，或是使用这里展示出来的。如果添加一段循环代码的话，一些音符就可以重复出现了。来点儿创意吧，使用声音里的演奏音符积木，就可以制作一段你的专属鼓点了。

第十步： 将下列代码添加到第二个鼓角色里。

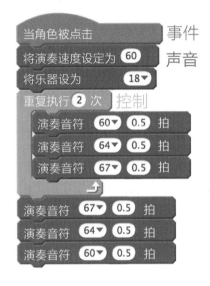

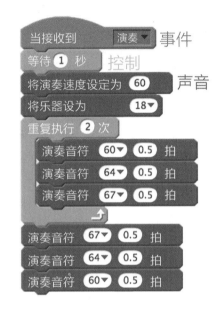

　　在全屏模式下欣赏你的项目吧，来看看你的乐队是如何动起来的！点击绿色旗子，你可以按下每个乐器，听它们分别演奏，也可以按下"演奏所有乐器"按钮，听听大合奏，并看着你的人物角色起舞。在这里可以观看项目成品：https://scratch.mit.edu/projects/174112647/

吓人鬼

项目

看到一个鬼在星空飞过，你可以发出一声巨响吓吓这个鬼，然后看看会发生什么。

下面让我们开始吧！

第一步： 开始一个新项目，首先删除 Scratch 猫。记住，务必给你的新项目命名并保存！然后在背景屏幕里，创建一个深色夜空，底部要有一小块草地。

剪刀

新背景：

画笔

 使用填充工具将天空全部涂黑。

 使用填满绿色的矩形，在背景底部制作一小片草地。别担心画星星很难，因为稍后它们会被当作角色添加到夜空里。

第二步：打开角色库，选择鬼 1。

角色库

第三步: 在新角色的工具栏里，使用填充图标创建一个新角色。点击屏幕底部的转换按钮，切换到矢量模式，然后再进行下一步，这样你就可以改变需要画的那些图形的形状了。之后按照下列步骤画一个南瓜角色。

画笔

转换为矢量图

使用圆形工具画一个圆，然后用填充工具将圆用橙色填满。

点击更新形状的图标，再点击这个橙色的圆形，之后更新形状的圆点就会出现，然后再移动四周的大小圆点，创建一个类似南瓜的形状。将顶部的圆点拉低一些，然后再将底部的圆点拉出来一些，使底部更平，这样一来，这个图形的形状就会像南瓜。

使用铅笔工具，配以棕色，在南瓜上画几条线。然后使用正方形工具，在南瓜上方画一根小小的茎。

画完之后，打开角色信息，将它命名为南瓜，然后将旋转方式改为左右旋转。

第四步：使用画笔工具创建一个新角色，然后用画笔工具画一组星星，五到八个即可。你可能需要改变笔刷宽度，在屏幕底部可以点击相应的按钮进行更改。请务必在绘画部分的小十字附近画星星，别让星星太分散！

在信息部分将这个角色命名为"星星"，然后选择左右旋转方式。

第五步：给南瓜和星星角色的代码部分添加以下代码，这可以让星星看起来更逼真，而南瓜也可以在整个屏幕上打滚。

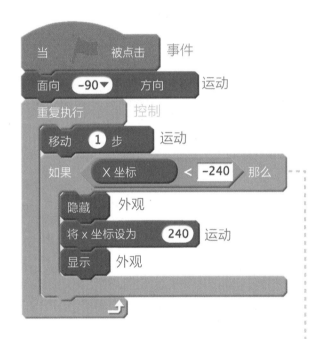

当 ▶ 被点击 事件

面向 -90▼ 方向 运动

重复执行 控制

移动 1 步 运动

如果 X坐标 < -240 那么

隐藏 外观

将 x 坐标设为 240 运动

显示 外观

使用运算里的一个小于积木和一个动作积木构建这段代码。然后把它放到更大的控制积木里。

当点击绿色旗子的时候，角色就会面对屏幕的左方，然后角色会一步一步地一直移动，当它们的 x 坐标小于 −240 时（屏幕最左侧的点），角色会隐藏起来，这时将 x 坐标设为 240（屏幕最右侧的点），隐藏的角色又会显示出来。只要项目在进行，这些角色就会持续移动，到达屏幕一端，隐藏，然后重新定位并出现。

第六步：使用屏幕上方的复制工具复制星星角色和南瓜角色，直到你拥有三个星星和四个南瓜。（注：这些副本已经包括了你在第五步里设定的代码。）完成之后，将角色如图所示排列在屏幕上。你可以使用缩小工具或增大工具来调整南瓜的大小，这样它们就不会一模一样了。

想象你的 Scratch 工作空间是一个大大的坐标面。

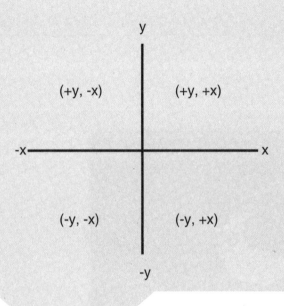

在坐标面的上半部分，可以找到 X 轴和 Y 轴，根据它们来改变动作块里的 x 坐标和 y 坐标。如果 y 坐标是负数，可以在下半部分找到它。如果 x 坐标是正数，可以在右边找到。如果你有一个负的 x 坐标，它会出现在左边。

　　某物被两条垂直交叉的实线或虚线分为四份，其中任意一份就是一个象限，在此处，分割线是 X 轴和 Y 轴。

　　当你在坐标面上移动鼠标时，底部的 x 坐标和 y 坐标会随之变化，并显示出鼠标的坐标。x 坐标值为 0，y 坐标值也为 0 时，此处就代表屏幕或坐标面的中心点，也就是原点。

> **提示：**
>
> 你可以给一个角色创建代码积木，然后复制到其他角色上，这样可以节省时间。（具体做法参照前面的章节。）

第七步： 给你的鬼角色的代码部分添加下列代码。因为环绕鬼的角色会移动，所以能营造一种鬼正在空中飞的景象。事实上，鬼只会在原来的位置跳上跳下。

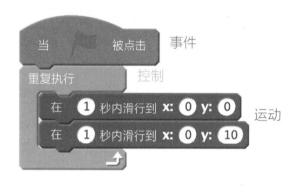

当点击绿色旗子时，鬼角色就会一直从屏幕的中心（x=0，y=0）滑到稍微向上一点的位置（x=0，y=10）。这会让鬼看上去像是在飞。

当点击绿色旗子时，如果音量大于10，鬼就会隐藏2秒钟，之后它会出来说："你吓到我了！"（注：你可以根据情况将音量感应的数值调大或调小。）

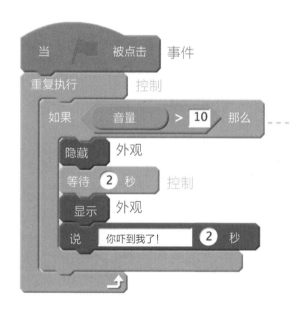

使用运算里的一个大于积木，以及侦测里的音量积木来构建这段代码。然后将代码放到更大的控制积木里。从侦测里拉出音量积木的时候，会被询问是否允许连接麦克风，这里务必选择允许，因为这样你就可以自己发出声音跟鬼互动了。

附加说明：为了让星星变色——就像它们在屏幕上移动似的，可以给你的星星角色添加"将颜色特效增加"积木。增加积木的数目，可以使颜色变化得更快。

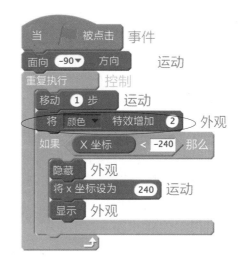

点击绿色旗子开始，用全屏模式观看你创建的项目吧。看到鬼飘过天空时，大叫一声看看会发生什么。也可以在以下网址查看项目的完成版：https://scratch.mit.edu/projects/174317731/

节奏弹球

项目

设定球的节奏，看看它可以移动多快。如果你加快节奏，球会怎么样呢?

让我们开始吧！

第一步： 开始一个新项目，删除 Scratch 猫。创建一个新背景，使用填充工具将背景填满纯色。使用正方形工具（没有填色的）沿背景边缘创建外层轮廓，颜色是另一种纯色。

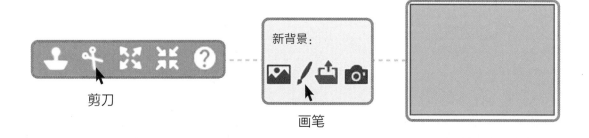

剪刀

新背景:

画笔

第二步：打开角色库，选择球角色。然后到角色的造型选项卡里，使用填充工具改变球的颜色，或者从角色已经配备的不同造型里选择一个。

角色库

第三步：再次打开角色库，选择按钮角色。在造型选项卡里，使用填充工具改变按钮的颜色，使用文本工具添加文字"改变节奏"。

第四步：到按钮角色的代码选项卡里，找到数据类别。点击
"生成一个变量"，并且将它命名为"节奏"。（注：
本项目之后会用到这个变量。）

改变节奏

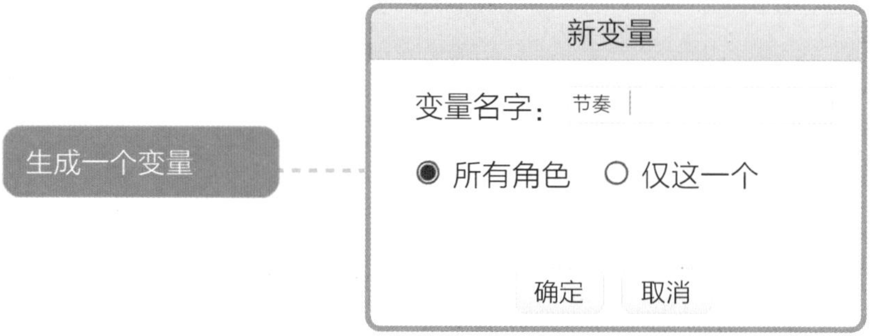

新变量

变量名字： 节奏

● 所有角色　○ 仅这一个

确定　取消

生成一个变量

第五步：给按钮角色添加下列代码，然后打开角色的信息部
分，将其命名为"节奏"。

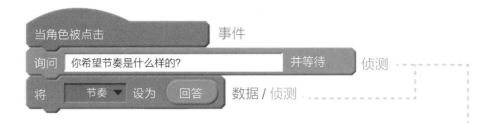

"询问并等待"代码积木可以让你把"用户输入"嵌入项目里。在这个按钮被按下的时候,一个对话框会弹出,让用户输入他们希望的节奏是什么样的。然后,节奏变量就会被设定为可以输入的答案。

什么是节奏

节奏是指音乐演奏时的速度,有时也指节拍。听到球制造出来的拍打声,就好像它碰到了边缘,发出"砰"的响声一样,这就是球的节奏。

第六步： 给球角色添加下列代码积木。

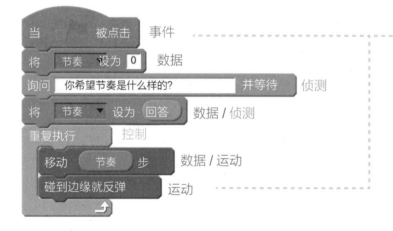

这段代码会告诉球角色，如何在屏幕上以一定的速度从一边移动到另一边。当点击绿色旗子时，将节奏设为 0，设定好之后，球角色就会一直按照这个节奏移动并弹出边缘。

　　下面这段代码会告诉球角色，当它触碰到屏幕的轮廓时就发出"砰"的声音。当点击绿色旗子时，代码就会被激活，以下情形会一直发生：当球触到蓝色，并且节奏小于 10 的时候，"砰"的声音就会响起，还会有 1 秒的等待时间。（这就是为何当球越过蓝色时，声音不会响两次。）

在代码的底部没有等待积木，因为当节奏更快一些的时候，球会移动得更快，你也无须担心砰的声音会响两次。

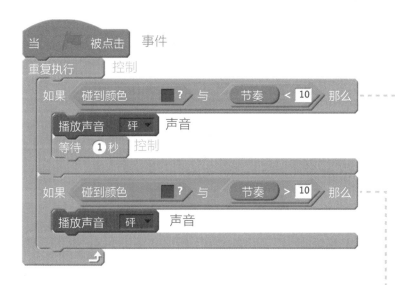

先从运算、侦测和数据里将需要的积木拉出来，分别将它们组合起来，然后将这个积木放入控制积木。这样就可以建立规模更大一些的积木了。

在"碰到颜色"的正方形里单击，可以选择颜色。选择颜色时，会出现一个小小的白色手指指针，将指针移动到颜色里进行选择，单击你喜欢的颜色即可。在这里，这种颜色就是你屏幕边框的颜色。

在全屏模式下观赏你的游戏进程吧。单击旗子开始游戏，然后设定和改变球的节奏，看看它可以移动多快。你还可以在这里看到项目的完成版本：

https://scratch.mit.edu/projects/174318688/

音板

项目

点击不同的按钮，听到或看到它们所代表的不同声音或图像！录制你自己的声音，使用 Scratch 提供的声音，或是上传新的声音，创建有史以来最棒的音板！

下面让我们开始吧！

第一步： 创建并命名一个新项目。使用剪刀工具删除 Scratch 猫，然后使用背景工具栏里的画笔工具创建一个新背景。

剪刀

新背景：

画笔

使用填充工具将背景用纯色填满。

第二步：使用角色工具栏创建一个角色，它会向你描述如何使用这个音板。使用文本工具给角色添加文字。（注：务必让你的文字颜色跟背景色不同，这样文字才能被看到。）

点击按钮就可以听到声音，也能看到跟随它们的字符。

角色库

提示：

角色不一定非要是人物，它们也可以是文字，就像你在这里看到的。

第三步： 从角色库选择八个按钮角色（你也可以选择一个，用复制工具复制七个出来）。用你想要出现在音板里的声音给每个角色命名（在角色的造型选项卡里操作），然后使用文本工具给角色加上名字。

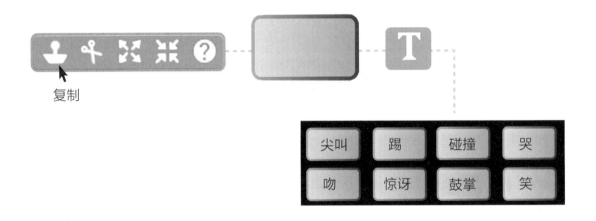

复制

| 尖叫 | 踢 | 碰撞 | 哭 |
| 吻 | 惊讶 | 鼓掌 | 笑 |

第四步： 给每个按钮选择一个伴随的角色。你可以从角色库挑选，也可以在库里编辑一个，或者自己创建一个。完成这个步骤的时候，你总共应该有十七个角色：八个按钮角色，八个伴随按钮的角色，还有一个文本角色。我们选择：

从角色库里选择两个鬼角色。

在位图模式下使用笔刷图标创建这个角色，并将它命名为碰撞。

吻

从角色库里选择带心形笑脸的角色。

笑

从角色库里选择 Pico 在走路。

 鼓掌　从角色库里选择芭蕾舞女演员，这个角色自带多套造型，因此你可以轻松地让她跳起舞来。

 惊讶　在矢量模式下使用笔刷图标创建这个角色，并将它命名为惊讶。

 踢　从角色库里选择汉娜。

 哭 从角色库里选择大象。在造型选项卡里，使用笔刷图标添加眼泪和一个小水坑，让它看上去就像在大哭。

第五步： 将按钮角色排列在背景上，如下图所示。将第二步的文本角色放在按钮旁边，然后在按钮附近的地方，将所有的人物角色重叠起来，即将一个放在另一个上面。

你要给这些角色编码，让它们在合适的时间消失并重新出现，完成的时候，它们就不会挤成一团了。

使用放大或缩小工具调整角色的大小，直到你满意为止。

第六步：打开声音库，为每个按钮角色（除了吻和惊讶）选出伴随的声音。

新声音：

声音库

声音库

类别

全部
动物
效果
电子
人
乐器
可循环
音符
打击乐
声乐

在声音库里选择人的分类，然后找出声音。这一步里需要的声音基本都可以在这个分类中找到，除了踢的声音，因为这个声音在打击乐类里。

给尖叫、碰撞、鼓掌、踢和笑的按钮添加以下代码积木。当角色被按下的时候，这些代码会广播一段信息，并发出声音。

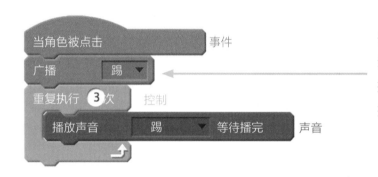

务必要给每个广播创建一条新信息，然后给它们起个跟按钮相符合的名字，使用下拉菜单可以完成这个任务。

第七步：声音库里没有吻和惊讶的声音，所以你需要先录制，然后再添加下列代码。

麦克风

点击角色的声音选项卡里的麦克风，录制正确的声音，每个角色都要这么操作。如果你需要帮助的话，可以复习一下前面关于如何录制声音的内容。

完成录音之后，你可以使用编辑工具进行编辑。如果太长的话，可以缩短录音，或者如果声音太轻了可以放大音量。对声音满意了，就可以将它的名字从录音 1 改为吻或是惊讶。其他声音只要重复这个步骤即可。

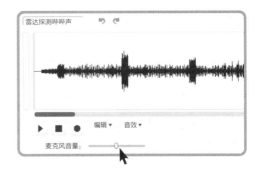

吻

当角色被点击　　　　　　　　　　　事件

广播　　吻　　　事件

播放声音　　吻　　等待播完　　声音

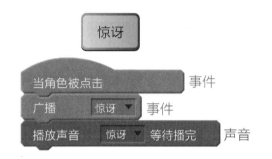

当点击按钮的时候，这段代码就会被激活，然后会播放一条信息，同时会发出声音！

第八步： 下一步给哭这个按钮角色添加声音，你也可以从计算机里上传一段声音。

这个项目里哭的声音只有几秒长，如果声音太长的话，就可以选择你想要移除的那部分声音，然后剪切掉。（如果需要复习这部分内容的话，可以翻阅前面的章节。）完成声音的编辑之后，将它重命名为哭。

哭

提示:

别忘了在项目里标明声音的原创者。在下载按钮的下方
有信息列表，里面有每条声音的录制者，你可以在这里
找到原创者的名字。

第九步: 给哭的按钮角色添加这段代码。

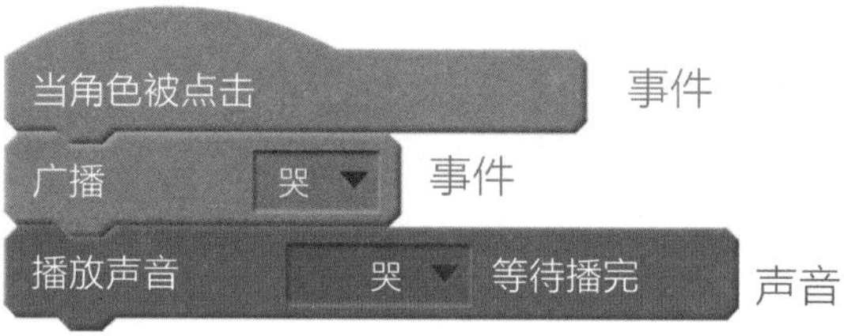

哭

当角色被点击   事件

广播   哭 ▼   事件

播放声音   哭 ▼ 等待播完   声音

第十步: 给文本角色添加这段代码。

点击按钮就可以听
到声音，也能看到
跟随它们的字符。

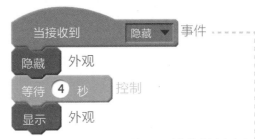

使用下拉菜单创建新广播。负责
发声的角色会播报隐藏的广播。

第十一步: 用下列代码积木,给你在这里看到的每个角色编写代码。

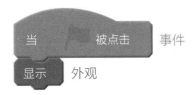

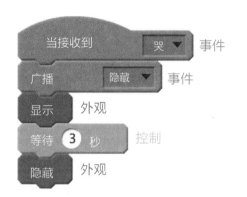

这个代码对所有的角色来说都是一样的，除了 Pico 和芭蕾舞女演员。每个角色之间唯一不同的地方就是启动命令，因此务必要让你编码的每个人物的启动命令都跟它们相匹配。举例来说，大象角色只有在接收到哭的信息时才能启动。

因为 Pico 和芭蕾舞女演员有不同的造型，并且它们的代码积木也稍有不同，所以它们很容易有动画效果。当接收到恰当的广播时，它们会展示、变换造型，然后隐藏起来。重复的积木可以告诉造型要换几次（不管你在重复循环中放了多少），而等待积木可以确保变换造型不会太快。

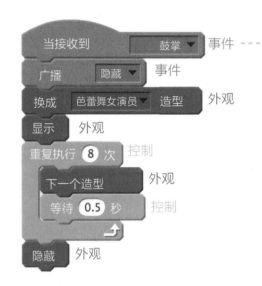

要确保将 Pico 的启动命令换为"当接收到笑时",还有将变换的造型改为"Pico 行走1"!

提示:

想要将一个角色的代码复制给另一个角色,就要从最上面的积木开始抓住代码,将它移动到你想要编码的角色中心,然后松开鼠标,这段代码就可以复制到你的目标角色中了。

点击绿色旗子开始,在全屏模式下观看项目吧。点击不同的按钮可以听到不同的声音,并能看到与之相对应的人物!你还可以在这里观看完成的项目:https://scratch.mit.edu/projects/174315736/

关于编程的补充

阅读扩展

创客空间的技巧

在创客空间的文库里可以下载使用本书的各种技巧和小提示。

访问网址：www.capstonepub.com/dabblelabresources

网址

使用 Facthound 寻找本书相关的网址。

访问 www.facthound.com

只要输入 9781515766605 就可以找到了。

编程词汇表

Bitmap mode（位图模式）：在这种模式下，绘图工具可以轻松地填充背景和图形。如果你想快速制作一个图形或是基本的背景，选择位图模式准没错。需要注意的是，如果之后需要返回上一步重新设计图形的话，在位图模式下是办不到的，只有在矢量模式下才可以办到。你可以使用设计界面右下方的按钮来切换位图模式和矢量模式。

Broadcast(广播)：这些模式的模块可以在代码选项卡的事件分类下找到。

Coding(编程)：编程是用来跟计算机沟通的语言。通过创建出一系列代码，你就可以用计算机能理解的语言来写出让它执行的命令。编程是非常具体的，没有代码，计算机什么事情也做不了。

Conditional statement(条件语句)：只有当一件事发生的时候，另一件事才会发生。条件语句也被称为 If-then（如果，那么）语句。

Coordinate(坐标)：坐标是一个物体对象在坐标面中准确的 x 位置和 y 位置，它是一个非常准确的点。

Coordinate plane(坐标面)：坐标面由 X 轴和 Y 轴组成，这两个坐标轴彼此垂直排布，一个上下延伸，另一个左右延伸。X 轴和 Y 轴相遇的时候，可以形成四个象限。

Loops（循环）：当某件事情需要多次发生的时候，可以使用循环。循环可以跟一段或多段代码一起使用。循环内部的代码会在它所在的命令行里重复地运行。

Origin（原点）：原点是坐标面的中点。在这个位置，x 坐标的值和 y 坐标的值都为 0，而且两个坐标轴在此相交。

Sequences（顺序）：顺序是指事情按照一定的先后安排来完成。在编程里，所有的程序都是按照从上到下的顺序来运行的，这意味着上方的代码会先运行，然后是它下面的模块，直到结束。

Sprite（角色）：角色是在 Scratch 项目中使用的任何可移动的字符或对象。角色可以通过角色库选择，也可以使用绘图工具创建，或从计算机本地文件中上传。

Variable（变量）：变量是存放数值的地址，可以在代码选项卡的数据分类里创建。在项目的运行过程中，变量的数值可以改变。比如，在一个游戏里，如果一个变量被用来代表游戏里的生命值数量，你可以在游戏开始的时候设定这个变量为 3，然后给这个变量编码，每当有一个角色接触到某个特定角色的时候，这个变量就减少 1。

Vector mode（矢量模式）：在这种模式下的绘画工具跟位图模式的相似。但是，在矢量模式下，可以创建另一个形状，也可以退回到先前的图形并移动它。在此模式下，你还可以改变已经创建的物体的形状。

X-axis（X轴）：X轴是在坐标面里横向延伸（左右）的坐标轴。

Y-axis（Y轴）：Y轴是在坐标面里纵向延伸（上下）的坐标轴。

图书在版编目（CIP）数据

从零开始自学编程. 2, 音乐制作 / (德) 蕾切尔 · 兹特著；杨彦红，袁伟译. -- 南京：江苏凤凰文艺出版社，2020.4

ISBN 978-7-5594-4313-7

Ⅰ.①从… Ⅱ.①蕾… ②杨… ③袁… Ⅲ.①程序设计—少儿读物 Ⅳ.① TP311.1-49

中国版本图书馆 CIP 数据核字（2019）第 283871 号

著作权合同登记号：10-2019-669

从零开始自学编程：音乐制作

[德]蕾切尔 · 兹特（Rachel Ziter）著　杨彦红　袁伟 译

责任编辑	唐　婧
特约编辑	薛纪雨　夜　阑
装帧设计	末末美书
责任印制	郝　旺
出版发行	江苏凤凰文艺出版社
	南京市中央路 165 号，邮编：210009
网　　址	http://www.jswenyi.com
印　　刷	北京中科印刷有限公司
开　　本	880 毫米 × 1230 毫米　1/24
印　　张	4
字　　数	49 千字
版　　次	2020 年 4 月第 1 版　2020 年 4 月第 1 次印刷
书　　号	ISBN 978-7-5594-4313-7
定　　价	42.00 元

江苏凤凰文艺版图书凡印刷、装订错误可随时向承印厂调换电话：（010）83670070